AF586486

TABLEAU

DES

COMBINAISONS DES NOMBRES,

pour servir à l'enseignement

DE LA PREMIÈRE ARITHMÉTIQUE

A LA PREMIERE ENFANCE,

Extrait de l'Arithmétique générale

PAR

AUGUSTE GARASSUT.

PRIX : broché, 40 c.; cartonné, 50 c.

PARIS,

CHEZ L'AUTEUR, RUE THÉVENOT, 12.

1er JUIN 1859.

OUVRAGES DU MÊME AUTEUR :

Nouvelle Méthode de Lecture.
Grammaire de l'Enfance, ou Listes de mots arrangés selon l'ordre grammatical.
Nouvelle Grammaire française.
Nouveau Dictionnaire français, à l'usage des classes.
Cahier de Paradigmes de verbes.
Nouvelle Arithmétique commerciale.
Arithmétique élémentaire pour les jeunes enfants.
Premières Combinaisons des nombres.
Géographie physique et politique.
Cosmographie.
Mécanique cosmographique.
Géométrie avec ses applications.
Cours de Littérature, de Logique et de Rhétorique.
Narrations historiques.
Abeille de l'Étudiant en droit.
De l'Instruction libérale.
Le Festin de Trimalcion, de Pétrone.
L'Andrienne de Térence.
Grammaire latine.
Id. grecque.
Id. anglaise.
Id. allemande.
Id. italienne.
Id. espagnole.
Méthode de Lecture et de Prononciation.
De l'Action de la Police et de ses procédés.
Éléments d'Hygiène.
Id. d'Anatomie.
Les Quasi-homonymes.
Philosophie, etc., etc.
Des Justices de Paix, en France.

Il sera fait à Messieurs les Instituteurs et Maîtres de Pension des remises considérables sur le prix de cet ouvrage selon qu'ils en prendront 13/12, 100, ou 1000 exemplaires.

Paris. — Typ. Morris et Comp., rue Amelot, 64.

PRÉFACE PARTICULIÈRE

DU TABLEAU DES COMBINAISONS DES NOMBRES.

Ces premières combinaisons des nombres ont été faites pour les petites écoles et la première enfance; elles sont le fondement de toute la science de l'arithmétique.

Généralement on voit qu'un jeune enfant qui calligraphie parfaitement apprend difficilement à lire, n'aime pas la lecture, et ne montre pas de grandes facilités pour ce qu'on appelle la littérature; par contre, il manifestera plus tard de grandes dispositions pour les arts graphiques, le dessin, et fera des progrès rapides dans la géométrie, les mathématiques et les sciences exactes. Ces différences dans les aptitudes s'expliquent facilement par la nature complétement opposée des deux sortes d'études, les lettres qui s'adressent uniquement à l'imagination, les sciences qui s'adressent spécialement au raisonnement. Il est des enfants privilégiés qui réussissent aussi bien dans les lettres que dans les sciences. On verra donc de tout petits enfants faire avec une merveilleuse facilité et presque d'eux-mêmes ces premières combinaisons qui ne laissent pas que d'être difficiles dans leur simplicité; d'autres y échoueront complétement. Peut-être les premiers de ces petits enfants éprouveront-ils de la difficulté à apprendre et à réciter le cahier des paradigmes de verbes (voir au Catalogue), tandis que les autres trouveront cet exercice extrêmement simple et s'en tireront à leur grand honneur. Ce qui prouve que les facultés ne naissent pas; elles existent et se développent par l'usage.

Les deux petits livres, les combinaisons et les verbes, que

nous présentons aux jeunes mères de famille et aux instituteurs, seront souvent comme la double pierre de touche de la nature des intelligences de leurs jeunes enfants, et les leur feront diviser forcément et d'avance en trois catégories, que l'avenir confirmera presque toujours.

En dehors de cet espoir et de ces idées, les premières combinaisons des nombres par l'addition et la soustraction, les seules qui soient la base de toutes les autres opérations de l'arithmétique, serviront, par la récitation, à former les jeunes intelligences et à les développer. La multiplication et la division qui ne sont, comme on sait, que des additions et des soustractions abrégées, ne leur offriront plus aucune difficulté. Ces combinaisons, comme les verbes, seront aussi, quand on les fera copier aux jeunes enfants d'une manière nette et irréprochable, un moyen facile d'occuper, pendant plusieurs années, leurs petits doigts encore débiles et inhabiles à tracer les longs et pénibles devoirs des classes. Chez tous les petits enfants, les forces de l'intelligence devancent les forces corporelles; sans fatiguer les secondes, il est utile de savoir occuper les premières, et de ne pas laisser s'écouler dans l'inaction et l'oisiveté un temps précieux pour l'avenir. Les personnes qui savent quels prodiges de patience et de soins il faut déployer pour enseigner les premiers éléments des connaissances humaines aux jeunes enfants, nous sauront gré sans doute d'avoir cherché à trouver des leçons faciles pour leur première enfance, et à combler par des devoirs écrits (voir au Catalogue : *Arithmétique élémentaire pour les jeunes enfants*), appropriés à leur âge, cette lacune qui existe toujours entre l'époque de cinq ou six ans et celle de neuf ou dix ans.

TABLEAU

DES COMBINAISONS DES NOMBRES.

I ET II. ADDITIONS ET SOUSTRACTIONS.

NOTA. Il est bon que plusieurs jeunes enfants soient réunis pour dire ces exercices. Chacun d'eux, à tour de rôle, ne dira qu'un exercice direct, et l'autre l'exercice inverse.

PREMIER EXERCICE :

Nommez les dix premiers nombres dans l'ordre direct ?

0 1 2 3 4 5 6 7 8 9 10

Comptez inversement.

2e EXERCICE :

Nommez les cent premiers nombres dans l'ordre direct ?

0	1	2	3	4	5	6	7	8	9
10	11	12	13	14	15	16	17	18	19
20	21	22	23	24	25	26	27	28	29
30	31	32	33	34	35	36	37	38	39
40	41	42	43	44	45	46	47	48	49
50	51	52	53	54	55	56	57	58	59

60 61 62 63 64 65 66 67 68 69
70 71 72 73 74 75 76 77 78 79
80 81 82 83 84 85 86 87 88 89
90 91 92 93 94 95 96 97 98 99
100

Comptez inversement.

3e EXERCICE :

Comptez de un en un en commençant par zéro ou par un jusqu'à mille ? (Voir le 2e Exercice.)

100 101 102 103 104 105 106 107 108 109
110 111 112 113 114 115 116 117 118 119
120 121 122 123 124 125 126 127 128 129
130 131 132 133 134 135 136 137 138 139
140 141 142 143 144 145 146 147 148 149
150 151 152 153 154 155 156 157 158 159
160 161 162 163 164 165 166 167 168 169
170 171 172 173 174 175 176 177 178 179
180 181 182 183 184 185 186 187 188 189
190 191 192 193 194 195 196 197 198 199
200 201 etc.
210 211 etc., etc.

Comptez inversement.

4e EXERCICE :

Comptez de deux en deux en commençant par zéro ou par deux (jusqu'à cent) ?

0 2 4 6 8
10 12 14 16 18
20 22 24 26 28
30 32 34 36 38

40	42	44	46	48
50	52	54	56	58
60	62	64	66	68
70	72	74	76	78
80	82	84	86	88
90	92	94	96	98
100				

Comptez inversement.

5e EXERCICE :

Comptez de deux en deux en commençant par un?

1	3	5	7	9
11	13	15	17	19
21	23	25	27	29
31	33	35	37	39
41	43	45	47	49
51	53	55	57	59
61	63	65	67	69
71	73	75	77	79
81	83	85	87	89
91	93	95	97	99
101				

Comptez inversement.

6e EXERCICE :

Comptez de trois en trois en commençant par zéro ou par trois?

0	3	6	9	12	15	18	21	24	27
30	33	36	39	42	45	48	51	54	57
60	63	66	69	72	75	78	81	84	87
90	93	96	99	102					

Comptez inversement.

7e EXERCICE :

Comptez de trois en trois en commençant par un?

1 4 7 10 13 16 19 22 25 28
31 34 37 40 43 46 49 52 55 58
61 64 67 70 73 76 79 82 85 88
91 94 97 100

Comptez inversement.

8e EXERCICE :

Comptez de trois en trois en commençant par deux?

2 5 8 11 14 17 20 23 26 29
32 35 38 41 44 47 50 53 56 59
62 65 68 71 74 77 80 83 86 89
92 95 98 101

Comptez inversement.

9e EXERCICE :

Comptez de quatre en quatre en commençant par zéro ou par quatre?

0 4 8 12 16
20 24 28 32 36
40 44 48 52 56
60 64 68 72 76
80 84 88 92 96
100

Comptez inversement.

10e EXERCICE :

Comptez de quatre en quatre en commençant par un?

1 5 9 13 17 21 25 29 33 37
41 45 49 53 57 61 65 69 73 77
81 85 89 93 96 101

Comptez inversement.

11e EXERCICE :

Comptez de quatre en quatre en commençant par deux?

2 6 10 14 18
22 26 30 34 38
42 46 50 54 58
62 66 70 74 78
82 86 90 94 98
102

Comptez inversement.

12e EXERCICE :

Comptez de quatre en quatre en commençant par trois?

3 7 11 15 19
23 27 31 35 39
43 47 51 55 59
63 67 71 75 79
83 87 91 95 99
103

Comptez inversement.

13e EXERCICE :

Comptez de cinq en cinq en commençant par zéro ou par cinq?

0	5	10	15
20	25	30	35
40	45	50	55
60	65	70	75
80	85	90	95
100			

Comptez inversement.

14e EXERCICE :

Comptez de cinq en cinq en commençant par un?

1	6	11	16
21	26	31	36
41	46	51	56
61	66	71	76
81	86	91	96
101			

Comptez inversement.

15e EXERCICE :

Comptez de cinq en cinq en commençant par deux?

2	7	12	17
22	27	32	37
42	47	52	57
62	67	72	77
82	87	92	97
102			

Comptez inversement.

16e EXERCICE :

Comptez de cinq en cinq en commençant par trois?

3	8	13	18
23	28	33	38
43	48	53	58
63	68	73	78
83	88	93	98
103			

Comptez inversement.

17e EXERCICE :

Comptez de cinq en cinq en commençant par quatre?

4	9	14	19
24	29	34	39
44	49	54	59
64	69	74	79
84	89	94	99
104			

Comptez inversement.

18e EXERCICE :

Comptez de six en six en commençant par zéro ou par six?

0	6	12	18	24
30	36	42	48	54
60	66	72	78	84
90	96	102		

Comptez inversement.

19e EXERCICE :

Comptez de six en six en commençant par un ?

1	7	13	19	25
31	37	43	49	55
61	67	73	79	85
91	97	103		

Comptez inversement.

20e EXERCICE :

Comptez de six en six en commençant par deux ?

2	8	14	20	26
32	38	44	50	56
62	68	74	80	86
92	98	104		

Comptez inversement.

21e EXERCICE :

Comptez de six en six en commençant par trois ?

3	9	15	21	27
33	39	45	51	57
63	69	75	81	87
93	99	105		

Comptez inversement.

22e EXERCICE :

Comptez de six en six en commençant par quatre ?

4	10	16	22	28
34	40	46	52	58

64 70 76 82 88
94 100

Comptez inversement.

23e EXERCICE :

Comptez de six en six en commençant par cinq?

5 11 17 23 29
35 41 47 53 59
65 71 77 83 89
95 101

Comptez inversement.

24e EXERCICE :

Comptez de sept en sept en commençant par zéro ou par sept?

0 7 14 21 28 35 42 49 56 63
70 77 84 91 98 105

Comptez inversement.

25e EXERCICE :

Comptez de sept en sept en commençant par un?

1 8 15 22 29 36 43 50 57 64
71 78 85 92 99 106

Comptez inversement.

26e EXERCICE :

Comptez de sept en sept en commençant par deux?

2 9 16 23 30 37 44 51 58 65
72 79 86 93 100

Comptez inversement.

27e EXERCICE :

Comptez de sept en sept en commençant par trois?

3 10 17 24 31 38 45 52 59 66
73 80 87 94 101

Comptez inversement.

28e EXERCICE :

Comptez de sept en sept en commençant par quatre?

4 11 18 25 32 39 46 53 60 67
74 81 88 95 102

Comptez inversement.

29e EXERCICE :

Comptez de sept en sept en commençant par cinq?

5 12 19 26 33 40 47 54 61 68
75 82 89 86 103

Comptez inversement.

30e EXERCICE :

Comptez de sept en sept en commençant par six?

6 13 20 27 34 41 48 55 62 69
76 83 90 97 104

Comptez inversement.

31e EXERCICE :

Comptez de huit en huit en commençant par zéro ou par huit?

0	8	16	24	32
40	48	56	64	72
80	88	96	104	

Comptez inversement.

32e EXERCICE :

Comptez de huit en huit en commençant par un?

1	9	17	25	33
41	49	57	65	73
81	89	97	105	

Comptez inversement.

33e EXERCICE :

Comptez de huit en huit en commençant par deux?

2	10	18	26	34
42	50	58	66	74
82	90	98	106	

Comptez inversement.

34e EXERCICE :

Comptez de huit en huit en commençant par trois?

3	11	19	27	35
43	51	59	67	75
83	91	99	107	

Comptez inversement.

35e EXERCICE :

Comptez de huit en huit en commençant par quatre?

4 12 20 28 36
44 52 60 68 76
84 92 100

Comptez inversement.

36e EXERCICE :

Comptez de huit en huit en commençant par cinq?

5 13 21 29 37
45 53 61 69 77
85 93 101

Comptez inversement.

37e EXERCICE :

Comptez de huit en huit en commençant par six?

6 14 22 30 38
46 54 62 70 78
86 94 102

Comptez inversement.

38e EXERCICE :

Comptez de huit en huit en commençant par sept?

7 15 23 31 39
47 55 63 71 79
87 95 103

Comptez inversement.

39e EXERCICE :

Comptez de neuf en neuf en commençant par zéro ou par neuf.

0 9 18 27 36 45 54 63 72 81
90 99 108

Comptez inversement.

40e EXERCICE :

Comptez de neuf en neuf en commençant par un?

1 10 19 28 37 46 55 64 73 82
91 100

Comptez inversement.

41e EXERCICE :

Comptez de neuf en neuf en commençant par deux?

2 11 20 29 38 47 56 65 74 83
92 101

Comptez inversement.

42e EXERCICE :

Comptez de neuf en neuf en commençant par trois?

3 12 21 30 39 48 57 66 75 84
93 102

Comptez inversement.

43e EXERCICE :

Comptez de neuf en neuf en commençant par quatre?

4 13 22 31 40 49 58 67 76 85
94 103

Comptez inversement.

44e EXERCICE :

Comptez de neuf en neuf en commençant par cinq?

5 14 23 32 41 50 59 68 77 86
95 104

Comptez inversement.

45e EXERCICE :

Comptez de neuf en neuf en commençant par six?

6 15 24 33 42 51 60 69 78 87
96 105

Comptez inversement.

46e EXERCICE :

Comptez de neuf en neuf en commençant par sept?

7 16 25 34 43 52 61 70 79 88
97 106

Comptez inversement.

47e EXERCICE :

Comptez de neuf en neuf en commençant par huit ?

8 17 26 35 44 53 62 71 80 89
98 107

Comptez inversement.

48e EXERCICE :

Comptez de dix en dix en commençant par zéro ou par dix jusqu'à mille ?

0 10 20 30 40 50 60 70 80 90
100 110 120 130 140 150 160 170 180 190
200 210 etc.

Comptez inversement.

49e EXERCICE :

Comptez de cinq en cinq en commençant par zéro ou par cinq jusqu'à mille ?

5 10 15 20 25 30 35 40 45 50
55 60 65 70 75 80 85 90 95 100
105 110 etc.

Comptez inversement.

50e EXERCICE :

Comptez de dix en dix, de vingt en vingt, de trente en trente, etc., jusqu'à mille, en variant le point de départ.

Comptez inversement.

III. MULTIPLICATIONS

—

Nota. — On aura soin de demander, à chaque exercice, le pourquoi du résultat.

1er EXERCICE :

D. 0 fois 0 égale? R. 0
0 — 1 — 0
0 — 2 — 0
0 — 3 — 0
0 — 4 — 0
0 — 5 — 0
0 — 6 — 0
0 — 7 — 0
0 — 8 — 0
0 — 9 — 0

2e EXERCICE :

D. 1 fois 0 égale? R. 0
2 — 0 — 0
3 — 0 — 0
4 — 0 — 0
5 — 0 — 0
6 — 0 — 0
7 — 0 — 0
8 — 0 — 0
9 — 0 — 0

3e EXERCICE :

D. 1	fois	1	égale ?	R.	1
1	—	2	—		2
1	—	3	—		3
1	—	4	—		4
1	—	5	—		5
1	—	6	—		6
1	—	7	—		7
1	—	8	—		8
1	—	9	—		9

4e EXERCICE :

D. 2	fois	1	égale ?	R.	2
2	—	2	—		4
2	—	3	—		6
2	—	4	—		8
2	—	5	—		10
2	—	6	—		12
2	—	7	—		14
2	—	8	—		16
2	—	9	—		18

5e EXERCICE :

D. 3	fois	1	égale ?	R.	3
3	—	2	—		6
3	—	3	—		9
3	—	4	—		12
3	—	5	—		15
3	—	6	—		18
3	—	7	—		21
3	—	8	—		24
3	—	9	—		27

6e EXERCICE :

D. 4	fois	1	égale?	R.	4
4	—	2	—		8
4	—	3	—		12
4	—	4	—		16
4	—	5	—		20
4	—	6	—		24
4	—	7	—		28
4	—	8	—		32
4	—	9	—		36

7e EXERCICE :

D. 5	fois	1	égale?	R.	5
5	—	2	—		10
5	—	3	—		15
5	—	4	—		20
5	—	5	—		25
5	—	6	—		30
5	—	7	—		35
5	—	8	—		40
5	—	9	—		45

8e EXERCICE :

D. 6	fois	1	égale?	R.	6
6	—	2	—		12
6	—	3	—		18
6	—	4	—		24
6	—	5	—		30
6	—	6	—		36
6	—	7	—		42
6	—	8	—		48
6	—	9	—		54

9e EXERCICE :

D.	7	fois	1	égale ?	R. 7
	7	—	2	—	14
	7	—	3	—	21
	7	—	4	—	28
	7	—	5	—	35
	7	—	6	—	42
	7	—	7	—	49
	7	—	8	—	56
	7	—	9	—	63

10e EXERCICE :

D.	8	fois	1	égale ?	R. 8
	8	—	2	—	16
	8	—	3	—	24
	8	—	4	—	32
	8	—	5	—	40
	8	—	6	—	48
	8	—	7	—	56
	8	—	8	—	64
	8	—	9	—	72

11e EXERCICE :

D.	9	fois	1	égale ?	R. 9
	9	—	2	—	18
	9	—	3	—	27
	9	—	4	—	36
	9	—	5	—	45
	9	—	6	—	54
	9	—	7	—	63
	9	—	8	—	72
	9	—	9	—	81

IV. DIVISIONS.

1° DIVISEURS EXACTS.

Nota. — On aura soin de demander, à chaque exercice, le pourquoi du résultat.

1er EXERCICE :

Demande. *En zéro combien y a-t-il de fois zéro?*

Réponse. *Dans zéro il y a zéro fois zéro.*

D. En 0	combien de fois	1?	R.	0	fois.
0	—	2		0	—
0	—	3		0	—
0	—	4		0	—
0	—	5		0	—
0	—	6		0	—
0	—	7		0	—
0	—	8		0	—
0	—	9		0	—

2e EXERCICE :

D. En 1	combien de fois	1?	R.	1	fois.
2	—	2		1	—
3	—	3		1	—
4	—	4		1	—
5	—	5		1	—
6	—	6		1	—
7	—	7		1	—
8	—	8		1	—
9	—	9		1	—

3e EXERCICE :

D. En 2	combien de fois	1 ?	R.	2	fois.
4	—	2		2	—
6	—	3		2	—
8	—	4		2	—
10	—	5		2	—
12	—	6		2	—
14	—	7		2	—
16	—	8		2	—
18	—	9		2	—

4e EXERCICE :

D. En 3	combien de fois	1 ?	R.	3	fois.
6	—	2		3	—
9	—	3		3	—
12	—	4		3	—
15	—	5		3	—
18	—	6		3	—
21	—	7		3	—
24	—	8		3	—
27	—	9		3	—

5e EXERCICE :

D. En 4	combien de fois	1 ?	R.	4	fois.
8	—	2		4	—
12	—	3		4	—
16	—	4		4	—
20	—	5		4	—
24	—	6		4	—
28	—	7		4	—
32	—	8		4	—
36	—	9		4	—

6e EXERCICE :

D. En 5	combien de fois	1?	R.	5	fois.
10	—	2		5	—
15	—	3		5	—
20	—	4		5	—
25	—	5		5	
30	—	6		5	—
35	—	7		5	—
40	—	8		5	—
45	—	9		5	—

7e EXERCICE :

D. En 6	combien de fois	1?	R.	6	fois.
12	—	2		6	—
18	—	3		6	—
24	—	4		6	—
30	—	5		6	—
36	—	6		6	—
42	—	7		6	—
48	—	8		6	—
54	—	9		6	—

8e EXERCICE :

D. En 7	combien de fois	1?	R.	7	fois.
14	—	2		7	—
21	—	3		7	—
28	—	4		7	—
35	—	5		7	—
42	—	6		7	—
49	—	7		7	—
56	—	8		7	—
63	—	9		7	—

9e EXERCICE :

D. En 8	combien de fois	1 ?	R. 8	fois.
16	—	2	8	—
24	—	3	8	—
32	—	4	8	—
40	—	5	8	—
48	—	6	8	—
56	—	7	8	—
64	—	8	8	—
72	—	9	8	—

10e EXERCICE :

D. En 9	combien de fois	1 ?	R. 9	fois.
18	—	2	9	—
27	—	3	9	—
36	—	4	9	—
45	—	5	9	—
54	—	6	9	—
63	—	7	9	—
72	—	8	9	—
81	—	9	9	—

2° DIVISEURS INEXACTS.

NOTA. — On aura soin de demander, à chaque exercice, le pourquoi du résultat.

1er EXERCICE :

D. En 3	combien de fois	2 ?	R. 1	fois	plus	1
5	—	2	2	—	+	1
7	—	2	3	—	+	1
9	—	2	4	—	+	1
11	—	2	5	—	+	1
13	—	2	6	—	+	1
15	—	2	7	—	+	1
17	—	2	8	—	+	1
19	—	2	9	—	+	1

2e EXERCICE :

D. En 4	combien de fois	3 ?	R. 1	fois	plus	1
5	—	3	1	—	+	2
7	—	3	2	—	+	1
8	—	3	2	—	+	2
10	—	3	3	—	+	1
11	—	3	3	—	+	2
13	—	3	4	—	+	1
14	—	3	4	—	+	2
16	—	3	5	—	+	1
17	—	3	5	—	+	2
19	—	3	6	—	+	1
20	—	3	6	—	+	2
22	—	3	7	—	+	1
23	—	3	7	—	+	2
25	—	3	8	—	+	1
26	—	3	8	—	+	2
28	—	3	9	—	+	1
29	—	3	9	—	+	2

3e EXERCICE :

D. En 5	combien de fois	4 ?	R. 1	fois	plus	1
6	—	4	1	—	+	2
7	—	4	1	—	+	3
9	—	4	2	—	+	1
10	—	4	2	—	+	2
11	—	4	2	—	+	3
13	—	4	3	—	+	1
14	—	4	3	—	+	2
15	—	4	3	—	+	3
17	—	4	4	—	+	1
18	—	4	4	—	+	2
19	—	4	4	—	+	3
21	—	4	5	—	+	1
22	—	4	5	—	+	2
23	—	4	5	—	+	3
25	—	4	6	—	+	1
26	—	4	6	—	+	2
27	—	4	6	—	+	3
29	—	4	7	—	+	1
30	—	4	7	—	+	2
31	—	4	7	—	+	3
33	—	4	8	—	+	1
34	—	4	8	—	+	2
35	—	4	8	—	+	3
37	—	4	9	—	+	1
38	—	4	9	—	+	2
39	—	4	9	—	+	3

4e EXERCICE :

D. En 6	combien de fois	5 ?	R. 1	fois	plus	1
7	—	5	1	—	+	2
8	—	5	1	—	+	3
9	—	5	1	—	+	4
11	—	5	2	—	+	1
12	—	5	2	—	+	2
13	—	5	2	—	+	3
14	—	5	2	—	+	4
16	—	5	3	—	+	1

D. En 17	combien de fois	5?	R. 3	fois	plus 2
18	—	5	3	—	+ 3
19	—	5	3	—	+ 4
21	—	5	4	—	+ 1
22	—	5	4	—	+ 2
23	—	5	4	—	+ 3
24	—	5	4	—	+ 4
26	—	5	5	—	+ 1
27	—	5	5	—	+ 2
28	—	5	5	—	+ 3
29	—	5	5	—	+ 4
31	—	5	6	—	+ 1
32	—	5	6	—	+ 2
33	—	5	6	—	+ 3
34	—	5	6	—	+ 4
36	—	5	7	—	+ 1
37	—	5	7	—	+ 2
38	—	5	7	—	+ 3
39	—	5	7	—	+ 4
41	—	5	8	—	+ 1
42	—	5	8	—	+ 2
43	—	5	8	—	+ 3
44	—	5	8	—	+ 4
46	—	5	9	—	+ 1
47	—	5	9	—	+ 2
48	—	5	9	—	+ 3
49	—	5	9	—	+ 4

5e EXERCICE :

D. En 7	combien de fois	6?	R. 1	fois	plus 1
8	—	6	1	—	+ 2
9	—	6	1	—	+ 3
10	—	6	1	—	+ 4
11	—	6	1	—	+ 5
13	—	6	2	—	+ 1
14	—	6	2	—	+ 2
15	—	6	2	—	+ 3
16	—	6	2	—	+ 4
17	—	6	2	—	+ 5
19	—	6	3	—	+ 1
20	—	6	3	—	+ 2

D. En 21	combien de fois	6 ?	R. 3	fois	plus	3
22	—	6	3	—	+	4
23	—	6	3	—	+	5
25	—	6	4	—	+	1
26	—	6	4	—	+	2
27	—	6	4	—	+	3
28	—	6	4	—	+	4
29	—	6	4	—	+	5
31	—	6	5	—	+	1
32	—	6	5	—	+	2
33	—	6	5	—	+	3
34	—	6	5	—	+	4
35	—	6	5	—	+	5
37	—	6	6	—	+	1
38	—	6	6	—	+	2
39	—	6	6	—	+	3
40	—	6	6	—	+	4
41	—	6	6	—	+	5
43	—	6	7	—	+	1
44	—	6	7	—	+	2
45	—	6	7	—	+	3
46	—	6	7	—	+	4
47	—	6	7	—	+	5
49	—	6	8	—	+	1
50	—	6	8	—	+	2
51	—	6	8	—	+	3
52	—	6	8	—	+	4
53	—	6	8	—	+	5
55	—	6	9	—	+	1
56	—	6	9	—	+	2
57	—	6	9	—	+	3
58	—	6	9	—	+	4
59	—	6	9	—	+	5

6e EXERCICE :

D. En 8	combien de fois	7 ?	R. 1	fois	plus	1
9	—	7	1	—	+	2
10	—	7	1	—	+	3
11	—	7	1	—	+	4
12	—	7	1	—	+	5
13	—	7	1	—	+	6

D. En 15	combien de fois	7?	R. 2	fois	plus	1
16	—	7	2	—	+	2
17	—	7	2	—	+	3
18	—	7	2	—	+	4
19	—	7	2	—	+	5
20	—	7	2	—	+	6
22	—	7	3	—	+	1
23	—	7	3	—	+	2
24	—	7	3	—	+	3
25	—	7	3	—	+	4
26	—	7	3	—	+	5
27	—	7	3	—	+	6
29	—	7	4	—	+	1
30	—	7	4	—	+	2
31	—	7	4	—	+	3
32	—	7	4	—	+	4
33	—	7	4	—	+	5
34	—	7	4	—	+	6
36	—	7	5	—	+	1
37	—	7	5	—	+	2
38	—	7	5	—	+	3
39	—	7	5	—	+	4
40	—	7	5	—	+	5
41	—	7	5	—	+	6
43	—	7	6	—	+	1
44	—	7	6	—	+	2
45	—	7	6	—	+	3
46	—	7	6	—	+	4
47	—	7	6	—	+	5
48	—	7	6	—	+	6
50	—	7	7	—	+	1
51	—	7	7	—	+	2
52	—	7	7	—	+	3
53	—	7	7	—	+	4
54	—	7	7	—	+	5
55	—	7	7	—	+	6
57	—	7	8	—	+	1
58	—	7	8	—	+	2
59	—	7	8	—	+	3
60	—	7	8	—	+	4
61	—	7	8	—	+	5
62	—	7	8	—	+	6

D. En 64	combien de fois	7?	R. 9	fois	plus	1
65	—	7	9	—	+	2
66	—	7	9	—	+	3
67	—	7	9	—	+	4
68	—	7	9	—	+	5
69	—	7	9	—	+	6

7e EXERCICE :

D. En 9	combien de fois	8?	R. 1	fois	plus	1
10	—	8	1	—	+	2
11	—	8	1	—	+	3
12	—	8	1	—	+	4
13	—	8	1	—	+	5
14	—	8	1	—	+	6
15	—	8	1	—	+	7
17	—	8	2	—	+	1
18	—	8	2	—	+	2
19	—	8	2	—	+	3
20	—	8	2	—	+	4
21	—	8	2	—	+	5
22	—	8	2	—	+	6
23	—	8	2	—	+	7
25	—	8	3	—	+	1
26	—	8	3	—	+	2
27	—	8	3	—	+	3
28	—	8	3	—	+	4
29	—	8	3	—	+	5
30	—	8	3	—	+	6
31	—	8	3	—	+	7
33	—	8	4	—	+	1
34	—	8	4	—	+	2
35	—	8	4	—	+	3
36	—	8	4	—	+	4
37	—	8	4	—	+	5
38	—	8	4	—	+	6
39	—	8	4	—	+	7
41	—	8	5	—	+	1
42	—	8	5	—	+	2
43	—	8	5	—	+	3
44	—	8	5	—	+	4
45	—	8	5	—	+	5

D. En 46	combien de fois	8?	R. 5	fois	plus 6
47	—	8	5	—	+ 7
49	—	8	6	—	+ 1
50	—	8	6	—	+ 2
51	—	8	6	—	+ 3
52	—	8	6	—	+ 4
53	—	8	6	—	+ 5
54	—	8	6	—	+ 6
55	—	8	6	—	+ 7
57	—	8	7	—	+ 1
58	—	8	7	—	+ 2
59	—	8	7	—	+ 3
60	—	8	7	—	+ 4
61	—	8	7	—	+ 5
62	—	8	7	—	+ 6
63	—	8	7	—	+ 7
65	—	8	8	—	+ 1
66	—	8	8	—	+ 2
67	—	8	8	—	+ 3
68	—	8	8	—	+ 4
69	—	8	8	—	+ 5
70	—	8	8	—	+ 6
71	—	8	8	—	+ 7
73	—	8	9	—	+ 1
74	—	8	9	—	+ 2
75	—	8	9	—	+ 3
76	—	8	9	—	+ 4
77	—	8	9	—	+ 5
78	—	8	9	—	+ 6
79	—	8	9	—	+ 7

8e EXERCICE :

D. En 10	combien de fois	9?	R. 1	fois	plus 1
11	—	9	1	—	+ 2
12	—	9	1	—	+ 3
13	—	9	1	—	+ 4
14	—	9	1	—	+ 5
15	—	9	1	—	+ 6
16	—	9	1	—	+ 7
17	—	9	1	—	+ 8
19	—	9	2	—	+ 1

D. En 67	combien de fois	9 ?	R. 7	fois	plus	4
68	—	9	7	—	+	5
69	—	9	7	—	+	6
70	—	9	7	—	+	7
71	—	9	7	—	+	8
73	—	9	8	—	+	1
74	—	9	8	—	+	2
75	—	9	8	—	+	3
76	—	9	8	—	+	4
77	—	9	8	—	+	5
78	—	9	8	—	+	6
79	—	9	8	—	+	7
80	—	9	8	—	+	8
82	—	9	9	—	+	[illegible]
83	—	9	9	—	+	2
84	—	9	9	—	+	3
85	—	9	9	—	+	4
86	—	9	9	—	+	5
87	—	9	9	—	+	6
88	—	9	9	—	+	[illegible]
89	—	9	9	—	+	8

FIN DES COMBINAISONS.

PARIS. — IMPRIMERIE MORRIS ET COMP., RUE AMELOT, 64.

OUVRAGES DU MÊME AUTEUR:

Nouvelle Méthode de Lecture.
Grammaire de l'Enfance, ou Listes de mots arrangés selon l'ordre grammatical.
Nouvelle Grammaire française.
Nouveau Dictionnaire français, à l'usage des classes.
Cahier de Paradigmes de verbes.
Nouvelle Arithmétique commerciale.
Arithmétique élémentaire pour les jeunes enfants.
Premières Combinaisons des nombres.
Géographie physique et politique.
Cosmographie.
Mécanique cosmographique.
Géométrie avec ses applications.
Cours de Littérature, de Logique et de Rhétorique.

Narrations historiques.
Abeille de l'Étudiant en droit.
De l'Instruction libérale.
Le Festin de Trimalcion, de Pétrone.
L'Andrienne de Térence.
Grammaire latine.
Id. grecque.
Id. anglaise.
Id. allemande.
Id. italienne.
Id. espagnole.
Méthode de Lecture et de Prononciation.
De l'Action de la Police et de ses procédés.
Éléments d'Hygiène.
Id. d'Anatomie.
Les Quasi-homonymes.
Philosophie, etc., etc.
Des Justices de Paix, en France.

Le dépôt ordonné par la Loi ayant été effectué, tout exemplaire qui ne sera pas revêtu de notre signature sera réputé contrefait et poursuivi selon la rigueur des lois.

Il sera fait à Messieurs les Instituteurs et Maîtres de Pension des remises considérables sur le prix de cet ouvrage selon qu'ils en prendront 13/12, 100, ou 1000 exemplaires.

Paris. — Typ. Morris et Comp., rue Amelot, 64.

www.ingramcontent.com/pod-product-compliance
Lightning Source LLC
LaVergne TN
LVHW012021160826
845678LV00002B/956